Die Blüten heimischer Laubgehölze

im Vergleich

QUELLE & MEYER
BESTIMMUNGSKARTEN

1. Eingriffeliger Weißdorn
Crataegus monogyna

2. Blutroter Hartriegel
Cornus sanguinea

3. Waldrebe
Clematis vitalba

4. Felsenbirne
Amelanchier ovalis

5. Esskastanie
Castanea sativa

6. Stechpalme
Ilex aquifolium

7. Liguster
Ligustrum vulgare

8. Rote Heckenkirsche
Lonicera xylosteum

BLÜTEN WEISSLICH

9. Vogelkirsche
Prunus avium

10. Frühe Traubenkirsche
Prunus padus

11. Schlehe, Schwarzdorn
Prunus spinosa

12. Robinie
Robinia pseudoacacia

13. Himbeere
Rubus idaeus

14. Schwarzer Holunder
Sambucus nigra

15. Roter Holunder
Sambucus racemosa

16. Mehlbeere
Sorbus aria

45. Spitz-Ahorn
Acer platanoides

46. Berg-Ahorn
Acer pseudoplatanus

47. Hainbuche
Carpinus betulus

48. Haselnuss, Hasel
Corylus avellana

49. Walnuss
Juglans regia

50. Stiel-Eiche
Quercus robur

51. Echter Kreuzdorn
Rhamnus cathartica

52. Sommerlinde
Tilia platyphyllos

37. Rot-Buche
Fagus sylvatica

38. Feld-Ahorn
Acer campestre

39. Sanddorn
Hippophae rhamnoides

40. Hänge-Birke
Betula pendula

41. Europäisches Pfaffenhütchen
Euonymus europaeus

42. Faulbaum
Frangula alnus

43. Esche
Fraxinus excelsior

44. Efeu
Hedera helix

17. Eberesche, Vogelbeere
Sorbus aucuparia

18. Speierling
Sorbus domestica

19. Preiselbeere
Vaccinium vitis-idaea

20. Wolliger Schneeball
Viburnum lantana

21. Gewöhnlicher Schneeball
Viburnum opulus

22. Besenheide, Heidekraut
Calluna vulgaris

23. Seidelbast
Daphne mezereum

24. Glockenheide
Erica tetralix

BLÜTEN, SONSTIGE FARBEN

25. Ross-Kastanie
Aesculus hippocastanum

26. Holz-Apfel
Malus sylvestris

27. Hunds-Rose
Rosa canina

28. Runzelrose, Kartoffel-Rose
Rosa rugosa

29. Brombeere
Rubus fruticosus agg.

30. Bittersüßer Nachtschatten
Solanum dulcamara

31. Heidelbeere, Blaubeere
Vaccinium myrtillus

32. Moosbeere
Vaccinium oxycoccos

33. Berberitze, Sauerdorn
Berberis vulgaris

34. Sal-Weide
Salix caprea

35. Kornelkirsche
Cornus mas

36. Besenginster
Cytisus scoparius

Bildnachweis:
13: Wo st 01/Wikipedia; 26: Hans Hillewaert; 51: Dr. Oliver Schneider

Alle anderen Bilder stammen von Gisela Tubes.

Projektberatung und Zusammenstellung: Gisela Tubes

Weiterführende Literatur:

Schmidt/Hecker: Die wildwachsenden und kultivierten Laub- und Nadelgehölze Mitteleuropas (ISBN 978-3-494-01800-3)
Lüder: Grundkurs Gehölzbestimmung (ISBN 978-3-494-01915-4)

ISBN 978-3-494-01606-1
Best.-Nr.: 494-01606
www.quelle-meyer.de

9 783494 016061

QUELLE & MEYER
BESTIMMUNGSKARTEN